BEI GRIN MACHT SICH IHR WISSEN BEZAHLT

- Wir veröffentlichen Ihre Hausarbeit,
  Bachelor- und Masterarbeit

- Ihr eigenes eBook und Buch -
  weltweit in allen wichtigen Shops

- Verdienen Sie an jedem Verkauf

Jetzt bei www.GRIN.com hochladen
und kostenlos publizieren

Bibliografische Information der Deutschen Nationalbibliothek:

Die Deutsche Bibliothek verzeichnet diese Publikation in der Deutschen National-
bibliografie; detaillierte bibliografische Daten sind im Internet über http://dnb.d-
nb.de/ abrufbar.

Impressum:

Copyright © 2016 GRIN Verlag, Open Publishing GmbH
Druck und Bindung: Books on Demand GmbH, Norderstedt Germany
ISBN: 9783668350007

Dieses Buch bei GRIN:

http://www.grin.com/de/e-book/344761/rastertunnelmikroskopie-rtm-untersuchung-
und-analyse-von-proben-aus

Marvin Kemper

Rastertunnelmikroskopie (RTM). Untersuchung und Analyse von Proben aus Graphit und Gold

Versuchsprotokoll

GRIN Verlag

BERGISCHE UNIVERSITÄT WUPPERTAL
FAKULTÄT FÜR
Mathematik und Naturwissenschaften
FACHGRUPPE PHYSIK

FORTGESCHRITTENEN PRAKTIKUM

Rastertunnelmikroskopie

Marvin Kemper und Tim Spürkel

Abstract (Kurzbeschreibung)

Mit einem Raster-Tunnelmikroskop ist es möglich, mithilfe einer atomar scharfen Spitze, die Oberfläche einer leitenden Probe mit atomarer Auflösung zu untersuchen. Dabei wird der Tunneleffekt der Elektronen ausgenutzt, um Informationen über die lokale Elektronendichte und die Rauheit der Oberfläche zu erhalten.

Durchgeführt am: 14.03.16 Protokollfertigstellung: 18. April 2016

Bewertung Protokoll	max. %	+/0/-	erreicht %
Formales	6		
Einleitung & Theorie	6		
Durchführung Auswertung phys. Diskussion Zusammenfassung	33		
Qualität der Messung	15		

Inhaltsverzeichnis

Abbildungsverzeichnis

Tabellenverzeichnis

1 Einleitung

Mit einem Raster-Tunnelmikroskop ist es möglich, mithilfe einer atomar scharfen Spitze, die Oberfläche einer leitenden Probe mit atomarer Auflösung zu untersuchen. Dabei wird der Tunneleffekt der Elektronen ausgenutzt, um Informationen über die lokale Elektronendichte und die Rauheit der Oberfläche zu erhalten.

2 Theorie

In den folgenden Abschnitten wird erklärt, was der Tunneleffekt ist, wann er auftritt und wie eine Messung des Raster-Tunnelmikroskop abläuft.

2.1 Tunneleffekt [4]

Der Tunneleffekt ist ein Phänomen der Quantenmechanik und Grundlage der Tunnelmikroskopie. Allgemein beschreibt der Tunneleffekt die Überwindung eines Potentialwalles durch ein Quantenobjekt, die klassisch betrachtet unmöglich wäre. In der Theorie ergibt sich der Tunneleffekt durch Lösung der stationären, reduzierten Schrödingergleichung für einen Potentialwall, wobei die Energie des gestreuten Teilchens geringer sein soll als die Höhe des Potentialwalls. Praktisch kann der Tunneleffekt z.B. bei der Entstehung von Alphateilchen beobachtet werden. Nach Lösen der Gleichung stellt man fest, dass die Aufenthaltswahrscheinlichkeit des betrachteten Teilchens sowohl im Potentialwall, als auch dahinter, nicht vollständig auf Null abfällt. Die Wahrscheinlichkeit für ein "tunneln" des Teilchens ergibt sich dabei aus der Energie des Teilchens, sowie der Dicke und der Höhe des Walls. Selbstverständlich strebt die Tunnelwahrscheinlichkeit für unendlich dicke Wälle gegen Null, da die Aufenthaltswahrscheinlichkeit im Wall exponentiell abfällt.

Verstehen kann man dies folgendermaßen: Wenn das Teilchen in den Potentialwall eindringt, kann wegen der Stetigkeitsbedingungen an den Potentialgrenzen die Aufenthaltswahrscheinlichkeit nicht sofort auf Null fallen, stattdessen fällt sie exponentiell und unterschiedlich schnell, je nach Höhe des Walls. Sinkt die Höhe des Walls aber unter die Energie des Teilchens, bevor die Aufenthaltswahrscheinlichkeit auf Null gefallen ist, kann sich die Welle wieder frei fortpflanzen. Deswegen ist die Aufenthaltswahrscheinlichkeit außerhalb der klassisch erlaubten Zone nicht zwingend gleich Null.

Im Falle eines Raster-Tunnelmikroskops wird eine leitende Spitze an eine leitende Probe angenähert, sodass Elektronen von der Spitze ins Material tunneln können. Dabei wird zwischen Spitze und Probe eine Spannung U angelegt, welche die Fermi-Niveaus der Elektronenbänder gegeneinander verschiebt, was ein

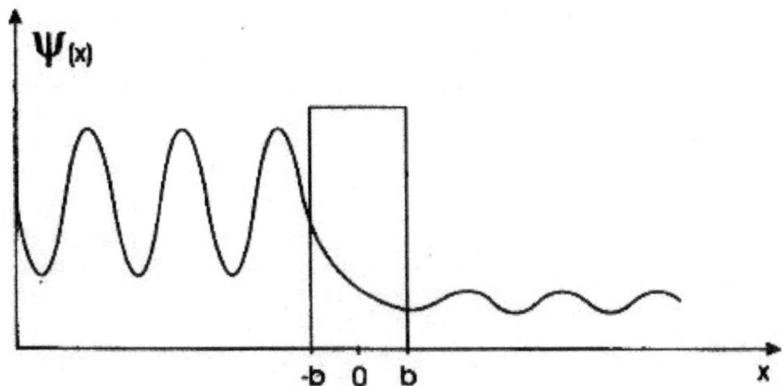

Abbildung 1: Schematische Darstellung des Tunneleffekts für eine 1D-Schrödingergleichung [4]

tunneln der Elektronen ermöglicht. Es resultiert ein messbarer Tunnelstrom, der eine Funktion der Spannung U, der Entfernung zur Oberfläche z, der Masse der Teilchen m, dem Radius der Spitze R und der Höhe des Potentialwalls Φ ist.

$$I \propto U \cdot e^{-2k(R+z)} \cdot \rho(E_F) \tag{1}$$

Dabei ist $\rho(E_F)$ die lokale Elektronendichte am Fermi-Niveau und k ist gegeben durch:

$$k = \sqrt{\frac{2m\Phi}{\hbar^2}} \tag{2}$$

2.2 Raster-Tunnelmikroskopie

Ein Raster-Tunnelmikroskop, oder RTM, besteht aus einer leitenden Spitze, die in wenigen Nanometern Entfernung über eine leitende Oberfläche geführt wird. Die nötige Präzision bei der Führung der Spitze erreicht man mit Piezo-Antrieben, die auch im Nanometerbereich genaustens angesteuert werden können. Ist die Spitze ausreichend nah an die Probe angenähert worden, so fließt ein Tunnelstrom und das Gerät ist bereit für die Messung. Es gibt zwei Messmodi, die für den Betrieb des Gerätes besonders wichtig sind, den Constant-Height-Mode und den Constant-Current-Mode.
Im Constant-Height-Mode(CHM) wird die Position der Spitze auf der Z-Achse konstant gehalten und der Tunnelstrom in Abhängigkeit der XY-Position gemessen, hierbei besteht das Risiko, dass die Spitze mit besonders großen Struk-

turen zusammenstößt. Dieser Messmodus liefert Informationen über die Elektronendichteverteilung und die Topologie der Probe. Beim Constant-Current-Mode(CCM) wird der Tunnelstrom konstant gehalten und die Position der Spitze variiert, um dies zu gewährleisten. Gemessen wird die Z-Position in Abhängigkeit der XY-Position, dies liefert hauptsächlich Informationen über die Topologie der Probe, die lokale Elektronendichte beeinflusst allerdings auch die Z-Position. Da der Tunnelstrom immer nur an einem Punkt gleichzeitig gemessen werden kann, fährt die Spitze im ausgewählten Messbereich der Reihe nach alle Punkte ab und setzt ein Bild aus diesen Messpunkten zusammen. Daher hat das RTM auch seinen Namen, denn es "rastert" die Probe sozusagen Stück für Stück ab.

2.3 Probenstruktur

2.3.1 Graphit

Graphit ist wie Kohle und Diamant eine Modifikation des Kohlenstoffs mit einigen charackteristischen Eigenschaften. Graphit ist ein aus regelmäßigen Sechsecken aufgebautes Netz von sp^2-hybridisierten Kohlenstoffatomen, was bedeutet, dass jede Bindung partiellen Doppelbindungscharackter hat. Dies hat zur Folge, dass es innerhalb einer Schicht extrem reißfest und elektrisch leitend ist, jedoch über mehrere Schichten betrachtet nichtleitend und porös. Dies liegt daran, dass die Atome in einer Schicht kovalent mit partiellem Doppelbindungscharackter gebunden sind, mit den Atomen einer benachbarten Schicht allerdings nur über die deutlich schwächeren Van-der-Waals-Kräfte wechselwirken. Atome die keine direkten Nachbarn in der darunter liegenden Schicht haben erscheinen in RTM-Aufnahmen heller und sind in Abbildung 2 rot markiert.

Die Bindungsenergie der Atome innerhalb einer Schicht beträgt 4,3eV, die Bindungsenergie zu Atomen einer benachbarten Schicht nur 0,07eV.
Der Atomabstand in einer Schicht beträgt 2,46Åund zwischen Atomen von benachbarten Schichten 6,71Å.

2.3.2 Gold

Untersucht wurde eine spiegelnde 111-Goldschicht, die auf einen unbekannten Träger aufgedampft wurde. Metallisches Gold besitzt eine kubisch-flächenzentrierte Struktur, was bedeutet, dass die Atome regelmäßig nach dem inAbbildung 3 dargestellten Schema angeordnet sind. Die untersuchte Probe wurde allerdings so präpariert, dass ihre Oberfläche genau der 111-Ebene entspricht. Der Gitterparameter von reinem Gold beträgt 408pm, einzelne Atome können daher nur schwer mit einem RTM aufgenommen werden.

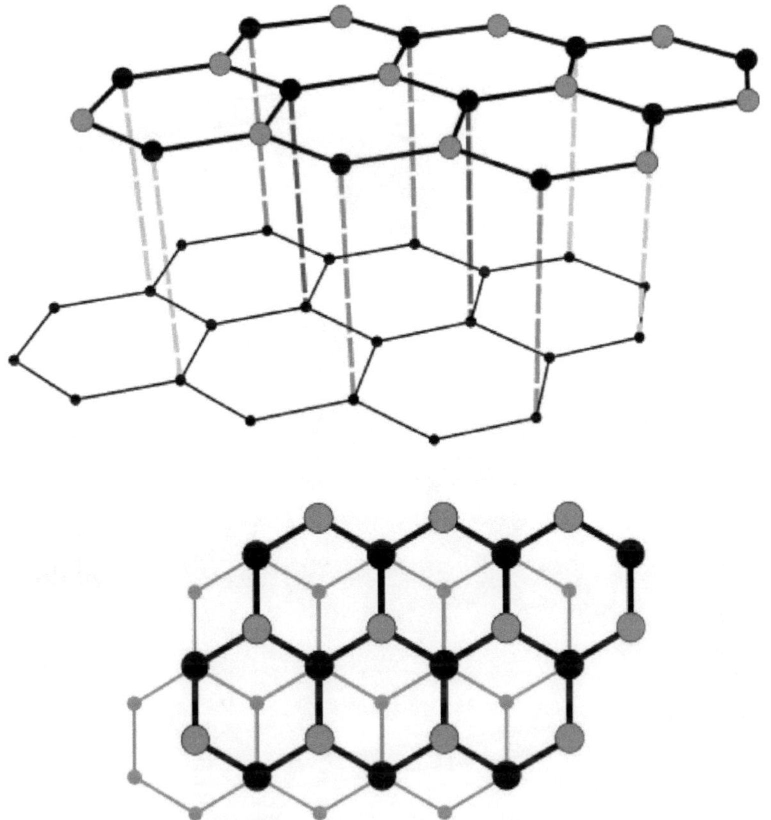

Abbildung 2: Räumliche Struktur von Graphit, die rot markierten Atome haben keinen direkten Nachbarn in der darunter liegenden Schicht [5]

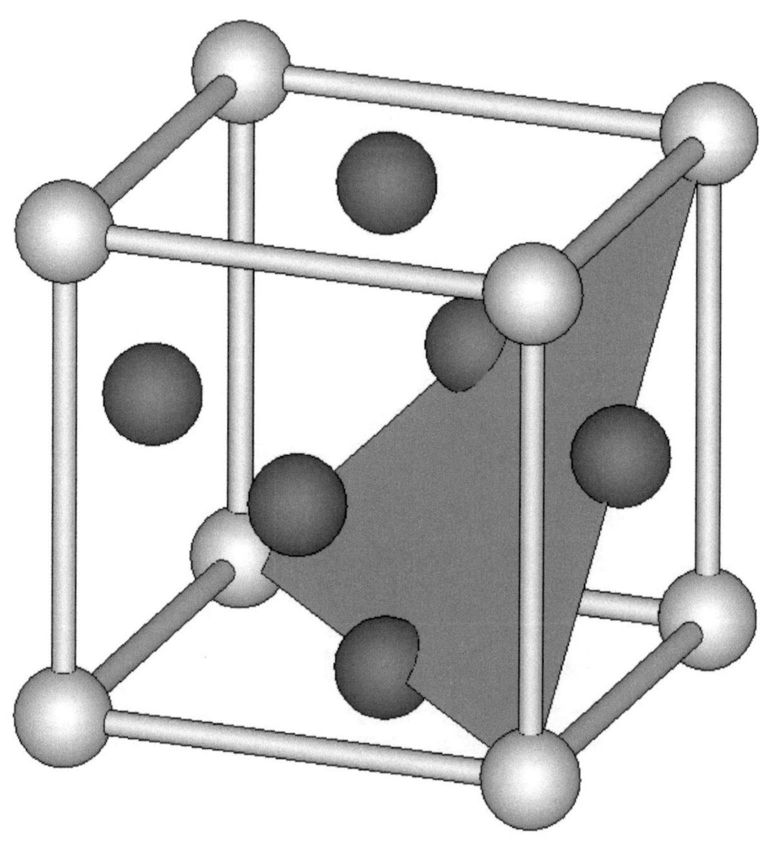

Abbildung 3: 111-Ebene eines fcc-Gitters [6]

3 Aufbau

Der Aufbau des verwendeten RTM ist recht simpel und wurde in Unterabschnitt 2.2 bereits teilweise erklärt. Die zu untersuchende Probe wird auf einen Metallzylinder aufgebracht und wird mittels eines Magneten gehalten, dieser Zylinder wird nun über einen Piezo-Vibrationsantrieb der Spitze grob angenähert. Ist die Spitze nah genug an der Probe, so kann ein Tunnelstrom fließen und am Gerät leuchtet eine grüne LED auf. Nun kann die eigentliche Messung gestartet werden, diese wird selbstständig vom Gerät für den eingestellten Messbereich durchgeführt und auf einem Bildschirm graphisch dargestellt.

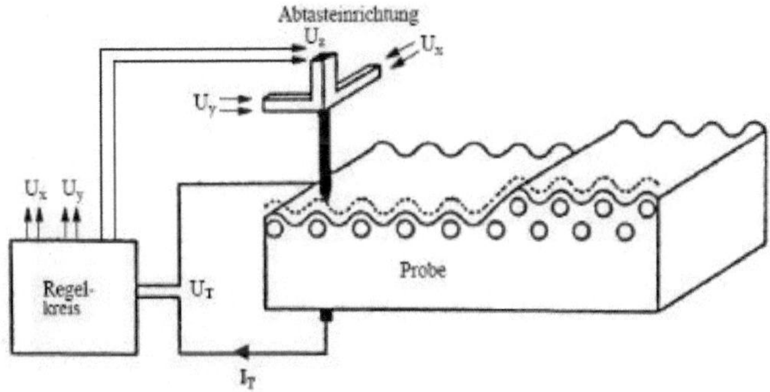

Abbildung 4: Schematischer Aufbau eines RTM [4]

4 Durchführung und Auswertung

Bevor die eigentliche Rastertunnelmikroskopie durchgeführt werden konnte musste eine funktionsfähige, dass heißt ausreichend spitze, Platin-Iridium-Spitze hergestellt werden. Die Qualität dieser ist ausschlaggebend für das Gelingen des weiteren Versuches. Wurde diese erfolgreich hergestellt, wird sie in der vorgesehenen Halterung verankert. Es werden nun eine Graphitprobe und eine Gold-111-Probe, sowie eine unbekannte Probe mit dem RTM untersucht.

4.1 Gaphit

Zunächst wird im CCM ein topografisches Bild aufgenommen und die Qualität dieser begutachtet. Zusätzlich kann bei großem Messbereich ein ausreichend glattes Gebiet für die weitere Messung ausgewählt werden.

4.1.1 Flächen- und Linienrauheit

Es wird nun die Flächen- und Linienrauheit von einem großen Ausschnitt (400nm)
der Graphit Probe betrachtet. Der Ausschnitt ist in Abbildung 5 zu sehen. Für
die Flächenrauheit wurden zusätzlich die Werte oben und unten in dem Abschnitt
aufgenommen. Die Ergebnisse sind in Tabelle 1 zu sehen.

Tabelle 1: Ergebnisse für Flächen- und Linienrauheit

R_a oben	R_a mitte	R_a unten	Fläche	S_a
1548pm	1603,5pm	1594,5pm	161,3 fm^2	1,659nm

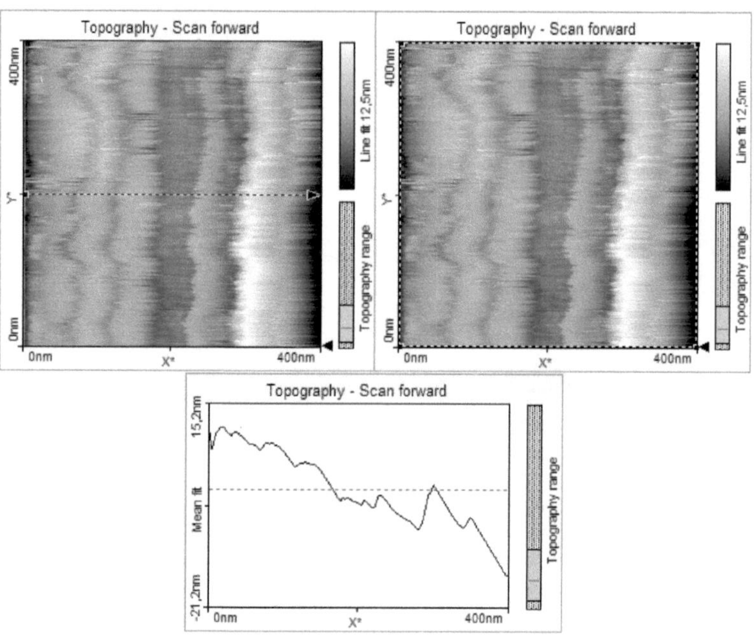

Abbildung 5: Abschnitt der Rauheitsmessung; links: Linienrauheit; rechts: Flächenrauheit; unten: Topografie

Wie man anhand der ermittelten Werte erkennt ist der ausgewählte Bereich nicht
sehr glatt. Die Struktur die man in Abbildung 5 erkennt lässt dies auch realis-
tisch erscheinen, da mehrere Graphitstufen wohl übereinander, im betrachteten

Bereich, vorliegen. Für die weiteren Versuchsteile sollte nun ein kleiner Bereich
auf den senkrechten Stufen gewählt werden, um eine ausreichende Glattheit si-
cherzustellen.

4.1.2 Bestimmung der Gitterstruktur und Atomabstände

Nun wird im CCM ein sehr kleiner Bereich ($\approx$4nm), der in der Größenordnung des
Atomgitters liegt, betrachtet. Hierbei muss zunächst die Verkippung der Probe
zur RTM-Spitze korrigiert werden, um eine gute Struktur zu erhalten. Wenn nun
die Gitterstruktur von Graphit erkennbar wird, kann der Gitterabstand, wie in
Abbildung 6 dargestellt, abgelesen werden.

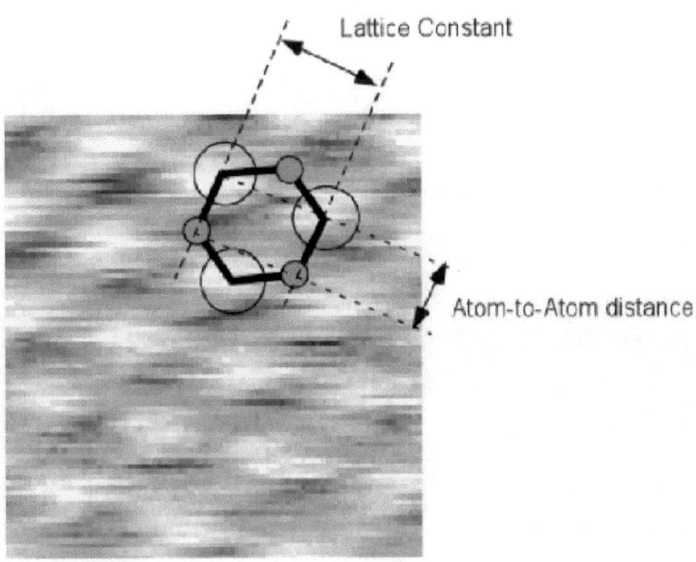

Abbildung 6: Ort der Atome und Gitterabstand eines RTM-Gitterbereiches [1]

Den Atomabstand b abzulesen ist nicht direkt möglich, jedoch kann aufgrund der
Hexagonalstruktur dieser aus dem abgelesenen Gitterabstand a ermittelt werden. Aus Geometriebetrachtungen folgt schließlich (Gleichschenkeliges Dreieck

mit Atomabstand als Schenkel und Gitterabstand als Grundseite):

$$a^2 = 2b^2(1 - cos(120°))\tag{3}$$

Der Gitterabstand wird über die Distanzmessfunktion des RTM und zählen der
Atome bestimmt. Die Vorgehensweise ist beispielhaft in Abbildung 7 zu sehen.
Die Ergebnisse aller Messungen und die Umrechnung in den Atomabstand ist in
Tabelle 2 dargestellt.

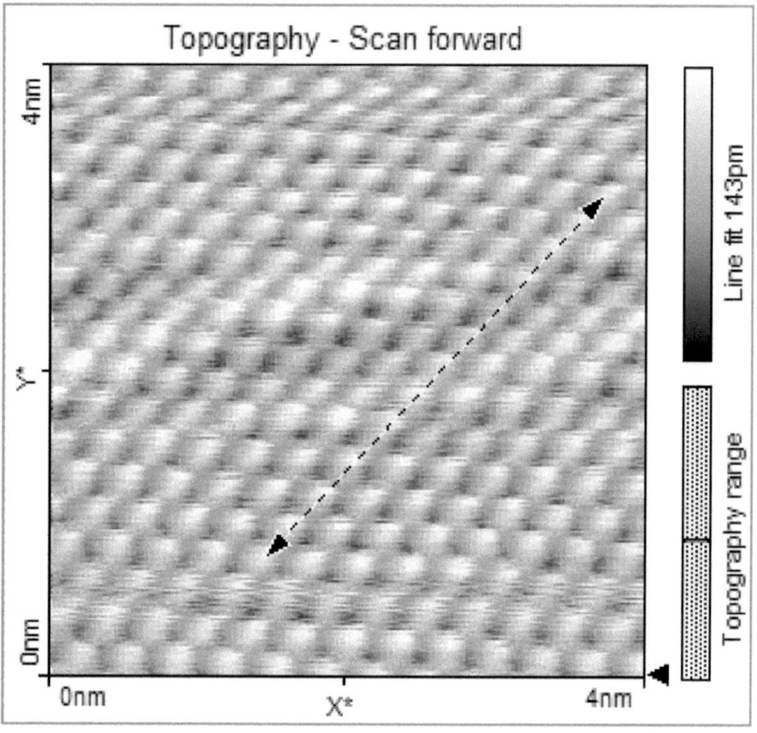

Abbildung 7: Beispiel einer Messvorgehensweise

Als Ergebnis für Gitter- und Atomabstand erhält man, aus Tabelle 2, a=2,44±0,06Å
und b=1,41±0,03Å. Dies stimmt innerhalb der Fehler mit den Literaturwerten
2,46Å [2] und 1,4Å [1] überein.

Tabelle 2: Ergebnisse für Gitter- und Atomabstand; Fehler auf die Mittelwerte ist die Standardabweichung

Distanz [nm]	Atomanzahl n	Gitterabstand a [Å]	Atomabstand b [Å]
3,09	13	2,38	1,37
3,12	13	2,40	1,39
3,13	13	2,41	1,39
3,28	13	2,52	1,46
3,26	13	2,51	1,45
3,58	15	2,39	1,38
4,10	17	2,41	1,39
4,00	16	2,50	1,44
Mittelwert		2,44±0,06	1,41±0,03

4.1.3 Elektronendichteverteilung

Nun soll die Elektronendichteverteilung bei Graphit betrachtet werden. Hierzu wird im CHM erneut ein kleiner Bereich ($\approx$4nm) untersucht. In Abbildung 8 ist in 2D und 3D die Verteilung erkennbar. Auch in diesem Modus ist eine Gitterstruktur erkennbar, jedoch ist diese nicht so klar wie im CCM. Anhand der 3D Darstellung ist die Dichteverteilung gut visualisiert.

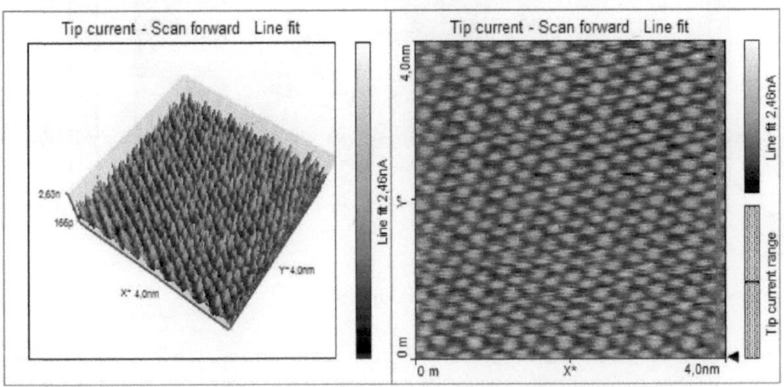

Abbildung 8: Elektronendichteverteilung; links: 3D; rechts: 2D

4.2 (111)-Gold

Nun wird die (111)-Goldschicht untersucht. Die Untersuchung der Elektronendichteverteilung im CHM macht bei Gold keinen Sinn, da die Elektronen sich dort annähernd frei bewegen können. Zur Untersuchung wird die Spitzen-Proben-Spannung auf 500mV eingestellt. Zunächst wird die Probe in einem großen Bereich im CCM topografisch untersucht. Das Ergebnis ist in Abbildung 9 zu sehen. Man erkennt deutlich die verschiedenen Goldkörnchen und Schichten. Zoomt man nun

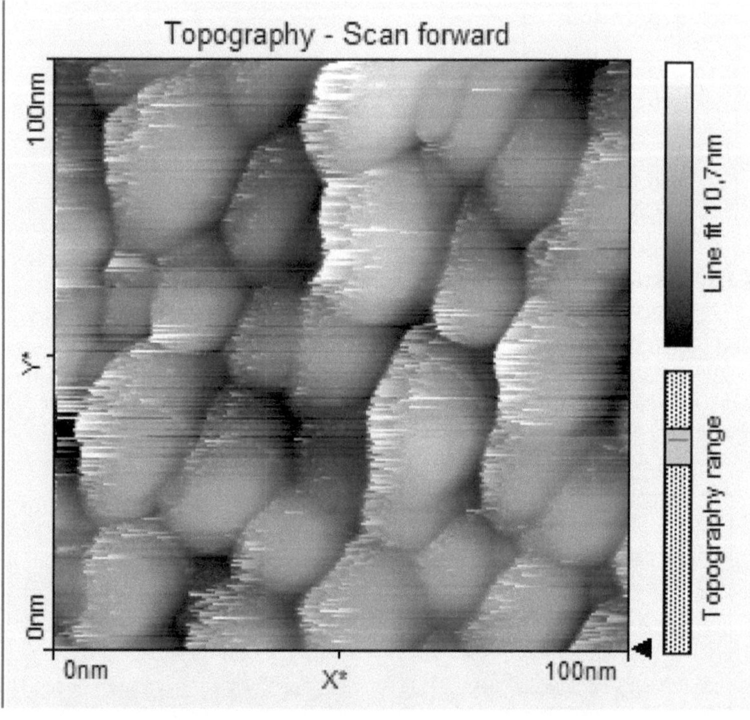

Abbildung 9

auf eines dieser Körnchen in atomaren Bereich sollte erneut eine Struktur erkennbar sein. Dies ist wie in Abbildung 10 zu sehen ist nicht der Fall. Deswegen müssen nun die Gitterparameter mit einer anderen Methode ermittelt werden. Hierzu wird die Stufenhöhe der einzelnen Goldschichten aus Abbildung 9 betrachtet. Sie wird durch das topografische Aufzeichnen dieser Stufen bestimmt (siehe Abbildung 11). Wenn diese monoatomar sind lässt sich der Gitterparameter, da es sich um die (111)-Ebene eines fcc-Gitters handelt, via

$$d = \frac{a}{\sqrt{3}}$$ (4)

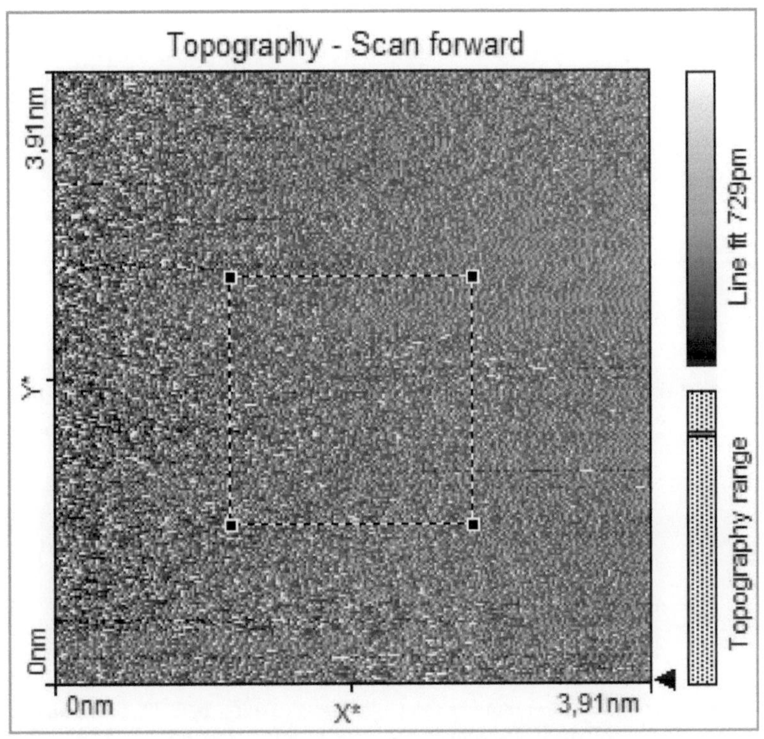

Abbildung 10: Gold in atomarer Größenordnung

berechnen. Nun kann jedoch nicht davon ausgegangen werden, dass die Stufen wirklich einem monoatomaren Schritt entsprechen, weswegen der Hilfsparameter a_s eingeführt wird. Dieser sollte also immer ein ganzzahliges Vielfaches des Gitterparameters für Gold (a_{lit}=4,0853Å [3]) darstellen. Also wird von a_s auf a durch Abschätzen der Schichtanzahl geschlossen. Die Ergebnisse sind in Tabelle 3 zu sehen.

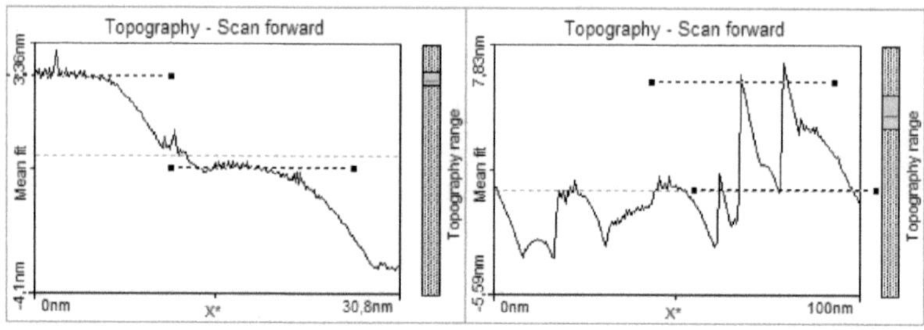

Abbildung 11: Beispiel von zwei Stufenmessungen

Tabelle 3: Ergebnisse für den Gitterparameter von Gold; Die Unsicherheit des Mittelwertes ist die Standardabweichung

s [nm]	a_s [Å]	n	n_{rund}	a [Å]
2,854	49,43	12,10	12	4,12
2,893	50,11	12,27	12	4,18
2,901	50,25	12,30	12	4,19
5,854	101,39	24,82	25	4,06
5,845	101,24	24,78	25	4,05
2,942	50,96	12,47	12	4,25
				4,14±0,08

Der Wert für den Gitterparameter von Gold lässt sich auf 4,14±0,08Åbestimmen. Dieser stimmt innerhalb des Fehlers mit dem Literaturwert überein. Diese Methode ermöglicht also eine Bestimmung des Gitterparameters, jedoch nur mit Einschränkungen. Ohne Kenntnis des Literaturwertes lässt sich nur schwer die reale Stufenhöhe abschätzen, sodass man eigentlich nur eine überprüfende Messung durchführen kann. Eine Messung ohne Kenntnis des Literaturwertes ist nur unter erheblich größerem Aufwand möglich, da eine Quantelung der Stufenhöhe nachgewiesen werden müsste. Dazu benötigt man jedoch eine sehr viel größeren Messumfang.

Schließlich wird noch wie in Tabelle 4 zu sehen ist die Rauheit von Gold in
dem rangezoomten Ausschnitt bestimmt. Da man keinerlei atomare Struktur erkennt, lässt sich vermuten, dass es sich hierbei schon um eine Auflösungsgrenze
des RTMs handelt und somit die bestimmten Rauheiten eine untere Grenze darstellen und keine reale Rauheit.

Tabelle 4: Ergebnisse für Flächen- und Linienrauheit Gold

R_a oben	R_a mitte	R_a unten	Fläche 1	S_{a1}	Fläche 2	S_{a2}
109,46pm	139,93pm	145,54pm	0,015 fm^2	119,7pm	0,0025fm^2	110,3pm

4.3 Unbekannte Probe

Schließlich wurde noch eine unbekannte Probe mit dem RTM untersucht. Diese
ist in Abbildung 12 zu sehen. Während der Annäherung der Spitze an die Probe
stellte sich, auch mit mehrmaligem Versuchen, keine passende Konfiguration ein.
Durch das Überprüfen des Abstandes mit dem Auge, wurde dann auch schnell
deutlich, woran dies gelegen hat. Bei dem automatischen Annähern wurde die
Spitze bis in die Probe rein gefahren, sodass diese zerstört wurde. Dies lässt keine
Einordnung der Probe anhand von Strukturen zu, jedoch kann mit großer Sicher-
heit gesagt werden, dass die Probe nicht elektrisch Leitfähig ist, da offensichtlich
kein ausreichender Stromfluss zwischen Probe und Spitze vorhanden war. Aus
diesem Grund wurde die Spitze auch bis zur Kollision angenähert.

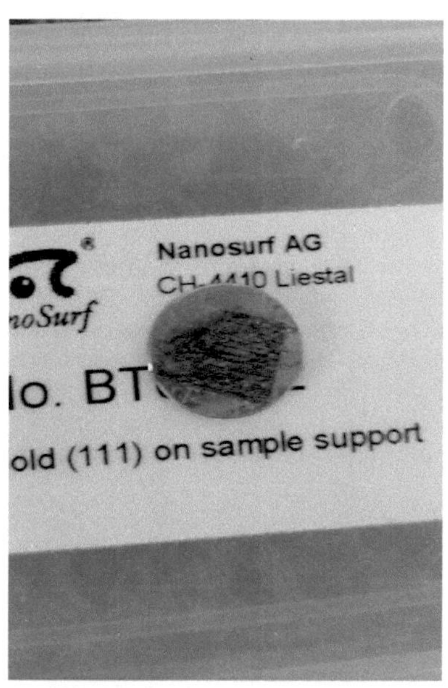

Abbildung 12: Unbekannte Probe

5 Fazit

In diesem Versuch wurde mithilfe eines Raster-Tunnelmikroskops die Oberflächenstruktur von Graphit und 111-Gold untersucht. Für Graphit ergaben sich sehr gute Bilder mit hoher Auflösung. Dadurch konnte der Gitterparameter innerhalb einer Schicht und der Atomabstand von Graphit auf a=2,44±0,06Åund b=1,41±0,03Åbestimmt werden. Diese Ergebnisse zeigen nur eine geringe Abweichung zum Literaturwert von 2,46Åund 1,4Å. Die Oberfläche der spiegelnden 111-Gold Probe konnte leider nicht in atomarer Auflösung beobachtet werden. Da der Gitterparameter so nicht auf triviale Weise zu bestimmen ist, musste ein alternatives Verfahren angewandt werden. Betrachtet wurden stattdessen mehrere unebene Stellen, an denen mehratomige Stufen aufeinandertreffen. Aus einer topologischen Messung wurde daraufhin der Höhenunterschied der Stufen bestimmt und mithilfe des Literaturwertes abgeschätzt, wie viele Atome dick eine Stufe ist. Auf diese Weise konnte der Literaturwert für den Gitterparameter von Gold überprüft werden. Es ergab sich ein Wert von a=4,14±0,08Å, was innerhalb der Fehlertoleranz mit dem Literaturwert von 4,09Åübereinstimmt. Abschließend wurde noch eine unbekannte Probe untersucht. Leider konnte das Material der Probe nicht genau bestimmt werden, jedoch deutet das Fehlschlagen der Messung auf einen Isolator hin.

Literatur

[1] Versuchsbeschreibung Lang zum RTM Versuch

[2] Wikipedia-Artikel Graphit https://de.wikipedia.org/wiki/Graphit
(18.04.16)

[3] Wikipedia-Artikel Gitterparameter https://de.wikipedia.org/wiki/
Gitterparameter (18.04.16)

[4] Protokoll STM, Benjamin Vogt, Jasmin Fischer 24.10.2005 http://
ringelrei.net/jasmin/stm.pdf

[5] Wikipedia Graphitgitter https://de.wikipedia.org/wiki/Graphit#
/media/File:GraphitGitter4.png

[6] Wikipedia Gleitsystem https://de.wikipedia.org/wiki/Gleitsystem#
/media/File:Kfz_ebene.png

BEI GRIN MACHT SICH IHR WISSEN BEZAHLT

- Wir veröffentlichen Ihre Hausarbeit, Bachelor- und Masterarbeit

- Ihr eigenes eBook und Buch - weltweit in allen wichtigen Shops

- Verdienen Sie an jedem Verkauf

Jetzt bei www.GRIN.com hochladen und kostenlos publizieren